我的小问题·科学

大 脑

［法］安热莉克·勒图泽 / 著

［法］伯努瓦·塔迪夫 / 绘

唐 波 / 译

北京时代华文书局

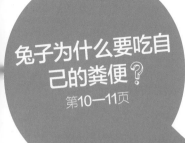

什么是大脑？

在我们的脑袋里，有一个非常柔软、看起来像棵大花菜一样的器官，它的重量超过 1 千克！这就是我们的大脑！

大脑控制着我们身体里发生的一切。它使我们能够思考、奔跑、吃饭、呼吸、说话、感受各种情绪、爱，甚至创作。

大脑如此重要，所以我们的身体在竭尽全力保护它。大脑被三层膜（**脑膜**）、一种液体（**脑脊液**）以及颅骨——我们身体最坚固的部分包围着。

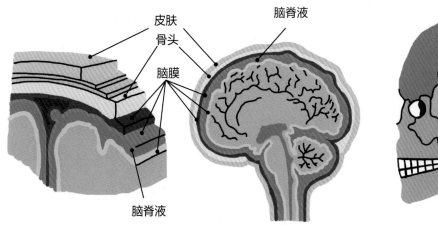

皮肤
骨头
脑膜
脑脊液
脑脊液

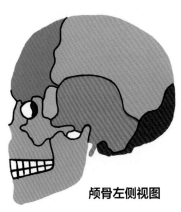

颅骨左侧视图

脑脊液的作用是什么?

我们在一个空盒子和一个盛满水的盒子里分别放入一个鸡蛋,然后分别晃动两个盒子。

空盒子里的鸡蛋碎了,但是盛满水的盒子里的鸡蛋却完好无损。这是因为水保护了鸡蛋免受撞击,就像脑脊液保护了颅骨里的大脑一样。

我们大脑的展开面积大约有 2 平方米,相当于一张床的面积。为了能进入我们的脑袋,大脑是折叠来折叠去的!而它的表面,也就是**大脑皮层**,则完全是褶皱。

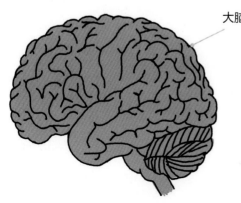

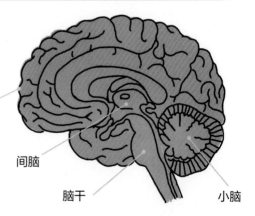

大脑皮层

间脑

脑干

小脑

大脑不是独自发挥作用的!它与**间脑**、**脑干**以及**小脑**一起组成了一个团队,我们称之为**脑**。

大脑是如何发号施令的？

大脑就像乐队指挥一样，指挥着人体的所有器官。因此，我们才能活着。

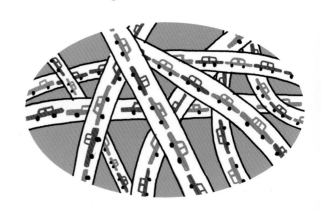

大脑不是用指挥棒，而是通过庞大的通路网络，即**神经**，来发布命令的。我们的身体，从头发根到脚趾尖，遍布着大大小小的神经。

多亏了这些通路，大脑才能将信息以电信号的形式发送出去。通路越宽，信息传递得就越快！

在大脑的出口处，去往躯体的神经汇聚在一起，形成了一条高速通路，即**脊髓**。脊髓进入了一条巨大的"骨头隧道"，即脊椎里。

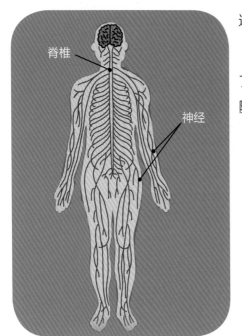

脊椎

神经

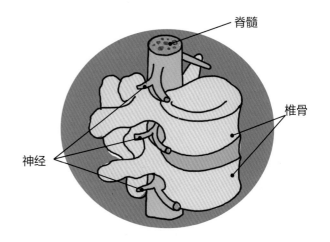

脊髓

椎骨

神经

小实验

脊髓隐藏在什么地方?

1. 如果我们触摸我们背部的中间位置，就能摸到脊椎。我们可以沿着它从上至下，从头部一直摸到臀部上方。正是脊椎保护着我们的**脊髓**。

2. 弯腰时，我们很容易就能触摸到我们的 7 块颈椎和 12 块胸椎。

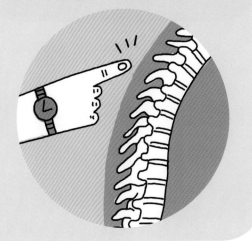

神经利用大脑发出的电信号来命令肌肉起作用。这是 18 世纪意大利医生路易吉·伽伐尼在用一只死青蛙做实验时发现的。他将死青蛙大腿的神经与一台发电装置相连接后，青蛙的大腿跳动了一下！

是什么使我们的
心脏跳动的 ❓

是脑使我们的心脏，根据我们的情绪和行为的变化，或快或慢地跳动着。

确切地说，是脑中的**脑干**作用于我们的心脏，并控制我们的呼吸的。

至于**小脑**，它让我们可以保持平衡，并让我们能够同时做出好几个动作。

这些就像消化和出汗一样，都是自主发生的，我们并不会意识到！我们称这是**无意识的**。幸亏如此，否则，我们要同时考虑的事情就太多了！

所有我们主动做的事，比如和朋友交谈、荡秋千、爬到椅子上、吃苹果，或者决定穿一件绿色的毛衣，都被称为**有意识的**行为。而这些行为，是由**大脑皮层**控制的！

小实验

记住你的梦

当你睡觉时，你的大脑还会继续工作，但是不会打扰到你，你是无意识的。这就是为什么你做了一晚上的梦却什么都不记得。

除非你在正做梦的时候醒来：那时，一小段你做过的梦会进入你的意识！

兔子为什么要吃自己的粪便？

兔子会吃掉一些自己的需要二次消化的粪便，这些粪便能给兔子提供维生素。对于兔子来说，粪便的气味并不会令它们倒胃口，因为它们的大脑知道这些粪便对自己的健康是有益的。

这是嗅觉和其他感觉的职责：告诉大脑身体内外发生了什么，以便大脑为了我们的生存而做出最好的反应。

我们有超过十种感觉！众所周知的五种感觉分别是**嗅觉**、**视觉**、**听觉**、**味觉**和**触觉**。除此之外还有温度觉、饥饿感、**饱腹感**、平衡觉、痛觉，以及你身体的本体觉！

小实验

隔离你的感觉

用布条将你一个小伙伴的眼睛蒙上，然后依次在他舌头上放一点不同的食物：糖、盐、柠檬、芥末……

小伙伴在眼睛被蒙住的情况下也能将这些食物分辨出来，因为有味蕾。味蕾是舌头上的小突起，它能让我们感受食物的味道。

叮
叮
叮

雷克斯

什么是巴甫洛夫条件反射？

这来自俄国医生伊万·巴甫洛夫做的一个非常著名的实验。巴甫洛夫每次给小狗喂食的时候都会摇响一个铃铛。闻到食物的气味后，小狗开始流口水，这能帮助它更好地消化食物。有一天，巴甫洛夫摇响了铃铛，但没有给小狗喂食，而小狗还是流口水了！铃铛的响声已经成了一种信号，它向小狗的大脑宣布要吃饭了，而大脑也立即让小狗做好了消化食物的准备。

我们为什么要在晚上睡觉？

太阳下山了，我们的眼皮开始变得沉重，马上就是睡觉时间了！
可是为什么我们要在晚上睡觉，而不是像猫一样在白天睡觉呢？

那是因为在我们脑部中央，有一个叫作**松果体**的小小球状物。每到晚上，当光线变暗时，它就开始产生一种**激素**，即**褪黑素**，这种物质会进入血液。就是褪黑素让我们产生了睡意！

在我们睡觉时，大脑依然保持活跃！它会巩固我们的记忆，并产生许多不同的**激素**。这些激素能促进我们身体的生长发育，增强我们身体的抵抗力并控制我们的饥饿感。

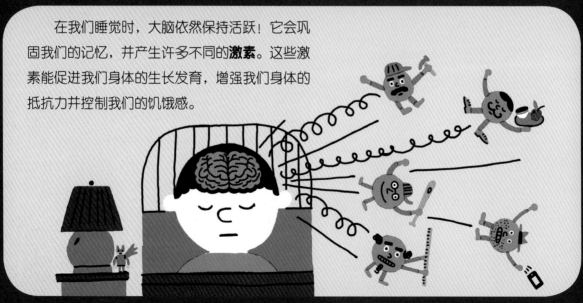

我们一晚上的睡眠并不都是相同的：它由时长约为90分钟的睡眠周期组成，这个周期会重复4～6次。

在每个睡眠周期里，我们首先处于浅睡状态，然后是深度睡眠，最后进入快速眼动睡眠。

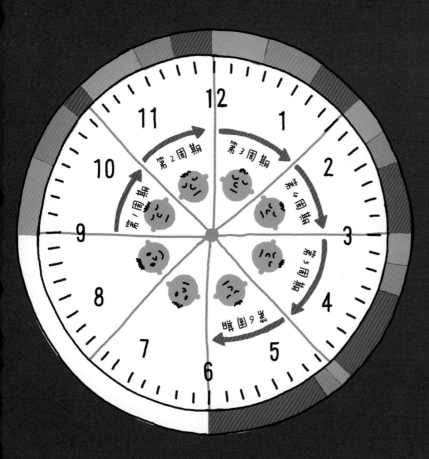

不同的睡眠阶段，大脑的活跃程度也是不同的。在深度睡眠状态下，大脑产生的**激素**最多；而在快速眼动睡眠中，我们会做梦。

大脑是由什么构成的？

如果你在显微镜下观察大脑，就会发现许多非常小的结构——细胞。我们的整个身体都是由细胞构成的！

大脑中的**细胞**有两种。

相互之间能进行交流，并且能与身体其他部位进行交流的细胞是**神经元**。这种细胞有近千亿个！

其余的是**神经胶质细胞**，它们是神经元的"保姆"，负责照顾神经元，使它们能很好地发挥作用。

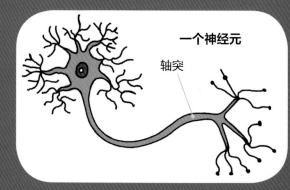

一个神经元

轴突

这是一个神经元。它的胞体看起来像一个大大圆圆的家伙，有很多"头发"，但它只有一条"腿"，那就是**轴突**。

在大脑里，神经元都聚集在相同的地方，这让它们之间能更容易地进行交流。神经元胞体聚集的部位是灰色的，这是灰质。

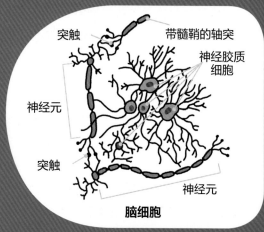

突触　带髓鞘的轴突

神经胶质细胞

神经元

突触

神经元

脑细胞

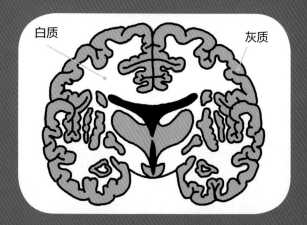

白质　　　　　　　　灰质

聚集在一起的轴突形成了白色的神经，这些神经组成了白质。

神经元是什么样子的？

在过去的很长一段时间里，人们都认为大脑是由互相连接、没有中断的通路组成的，就像一张巨大的蜘蛛网。后来，一位西班牙生物学家在显微镜下观察染色的大脑切片时，发现了神经元。这些透明的通路实际上是由数十亿个相互接触但并不是实质相连的细胞组成的。

神经元是如何发挥作用的 ❓

在神经元轴突的末端，有一个小突起物，有点儿像神经元的"嘴巴"。

这里有两个**神经元**，我们叫它们"小东西"和"小玩意"。为了和"小玩意"说话，"小东西"紧紧地贴着"小玩意"的膜并与之形成了一个接头：**突触**。

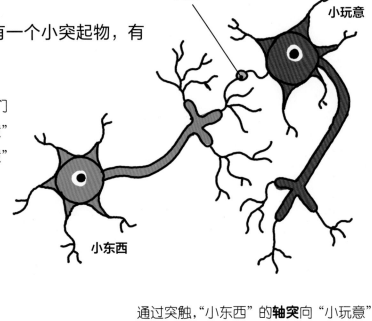

突触

小玩意

小东西

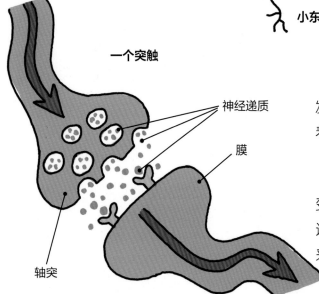

一个突触

神经递质

膜

轴突

通过突触，"小东西"的**轴突**向"小玩意"发送了微小的信号，即**神经递质**，它们会附着在"小玩意"的膜上。

当"小玩意"接收到神经递质时，信息变成了电流，迅速流过"小玩意"的膜，到达它的"嘴部"……现在，轮到"小玩意"来传递信息了！

当轴突穿上一条叫作**髓鞘**的有趣"裤子"时，电流会跑得更快。

正因为有了髓鞘，大脑的一个命令能在不到一秒的时间就传到脚趾尖！

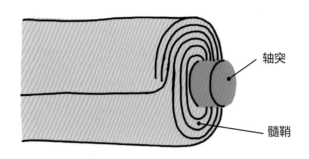

轴突

髓鞘

小实验

一条神经元链是如何运转的？

要想传递一条信息，必须有多个神经元共同参与。我们可以通过一个小游戏来模拟这个过程。

1. 几个小朋友站成一排。第一个小朋友代表大脑，最后一个小朋友代表我们的身体，中间手拉手的小朋友代表在大脑和身体之间形成一条神经元链的神经元。

2. 大脑低声命令第一个神经元："举起你的左臂！"这个神经元移动了下身体并握住了它旁边的神经元的手，在它耳边低声说出了这条命令。就这样，一个接一个，直到把命令传给身体。

我们是如何做到同时做几件事的❓

现在正在上体育课。吉朗准备把篮球传给尤思拉，好让她投篮得分。即使尤思拉没意识到这一点，她的大脑也会在几秒钟内让她的整个身体做好准备，以完成投篮的动作。

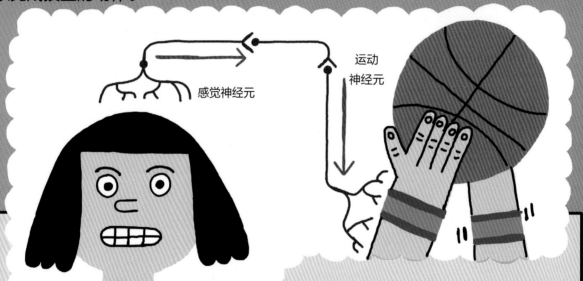

感觉神经元

运动神经元

尤思拉看到吉朗带着球转身。在她的眼睛里，视觉的神经元，即**感觉神经元**接收到了这个画面。而视觉的神经，即**视神经**，立刻将这个画面传送给了大脑。

尤思拉的大脑瞬间就将这个画面与她的记忆进行比较，并做出决定：快，必须接住球，奔向篮筐，避开对方球员，然后投篮。

靠运动神经元，尤思拉的大脑迅速将这些指令发往身体各处。

跑步时，需要让很多肌肉收缩。因此，必须为肌肉提供呼吸和进食的物质，而这一切都要靠血液来完成，它携带了很多氧气和**营养素**。

这就是为什么尤思拉的大脑在命令她的手臂和腿部肌肉收缩的同时，也命令她的呼吸和心跳加速。

仅仅几秒钟的时间，尤思拉就做好了帮助她的球队获胜的准备。

1，2，3，投篮命中!

为什么我们吸入胡椒粉时会打喷嚏？

阿嚏！你的姐姐玛莲娜打翻了胡椒粉，于是，你没忍住，立刻打了个喷嚏！

打喷嚏是一种**反射**行为。为了快速清除刺激鼻子的胡椒粉，身体没有征询大脑的意见就做出了反应。在这种情况下，就不再是大脑发出指令了！

这也是我们触碰到滚烫的锅子时发生的情况：我们快速将手收了回来！直到**神经元**告知大脑我们被烫的信息后，我们才会感到疼痛。

感到恶心也是一种**反射**。举个例子，当医生用压舌板察看我们的喉咙深处时，喉咙会在没有大脑命令的情况下自动收缩，以阻止那些不是食物或液体的东西进入。

反射的作用是保护我们免遭危险。有些人患有一种疾病，这种病会令他们感受不到疼痛：当有东西将他们烫伤以及严重伤害到他们时，他们没有**反射**来让自己将那些东西放下。这是一种非常严重的疾病。

相信你的膝盖骨

为了测试你的反射能力，我们可以和你的髌骨（位于膝盖上的一块小骨头）一起来做个游戏。

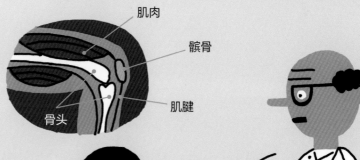

肌肉

髌骨

肌腱

骨头

1. 坐好，双腿放松。

2. 当我们用木槌轻轻敲打你的髌骨时，你的小腿会自行抬起！

3. 与髌骨相连的肌肉受到了敲击。出于反射，肌肉会收缩并使小腿抬起。

有个小脑袋，是不是就意味着这个人很笨？

在过去很长的一段时间里，科学家们认为脑袋越大，人就越聪明。如今，我们知道这种观点是错误的！

神经元之间的连接数量是最重要的：连接越多，新旧信息在我们的脑中传播的速度就越快。

每个神经元与其他神经元之间能产生数千个**突触**，这使得它们之间能进行信息传递！

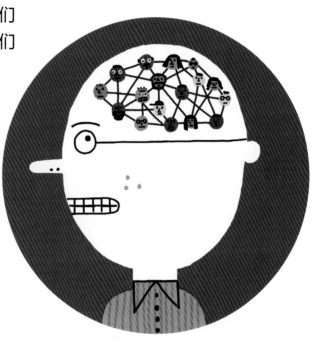

也正是因为神经元之间建立了这些连接，我们能存储我们的记忆，或者记下我们的功课。

功课复习得越多，神经元之间的连接就越牢固，连接数也越多，记忆就会越持久。在我们小的时候，这些连接更容易形成。

测测你的记忆力

记忆有两种。回忆起昨天吃了什么很容易，这是短时记忆。而长时记忆，记住的则是那些真正令我们印象深刻的事情，比如我们的生日。

试着回忆一下：昨天中午你吃了什么？五天前的中午呢？上次过生日时你的生日蛋糕是什么味道？列一个记忆清单，并按照记忆类型来进行分类。

聪明是什么意思？

不是学校里成绩最好的学生，并不意味着你就不聪明。很多天才，比如阿尔伯特·爱因斯坦，在学校的时候都是个十足的笨学生！智力能让一个人在学校取得好成绩，但创造力同样很重要！

小狗梅道尔也有大脑吗❓

小狗梅道尔当然也有大脑！所有的动物都至少有神经元，即使蠕虫或者章鱼也不例外！

神经元对于动物保护自己免遭危险的伤害、进食和繁殖是不可或缺的。没有神经元，很多动物便不能生存！

但是在动物当中，只有昆虫和**脊椎动物**（比如马、鸽子、鲑鱼、鳄鱼和青蛙）才有类似于我们人类的真正大脑。

抹香鲸的大脑重达 8 千克，打破了所有生物大脑重量的纪录！

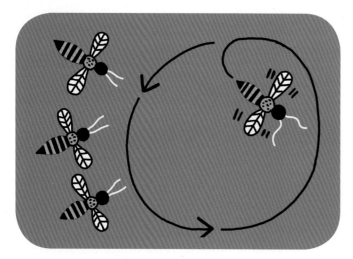

有些动物会成群结队地做一些很棒的事，我们称之为集体智能。蜜蜂就存在这样的集体智能，它们会在飞行中跳舞，以告诉其他同伴食物在什么地方。

有些动物非常聪明，比如海豚、猴子、章鱼、鹦鹉，还有乌鸦。

乌鸦能想出很多方法来解决问题。

为了获得食物，乌鸦进行了以下尝试：

一根悬挂在绳子上的短木棍

三个装有小石子的笼子

一块放在盒子中间的肉

一根卡在透明盒子里的长木棍（需要利用石子的重量使其滚出）

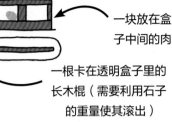

第1步：乌鸦取下了悬挂在绳子末端的短木棍。

第2、3、4步：乌鸦用短木棍取得了三个笼子里的小石子。

第5、6、7步：为了让长木棍滚出来，乌鸦将三个小石子放到透明的盒子里。

第8步：乌鸦用长木棍够到了肉！

真聪明，不是吗？

小实验

一只聪明的狗？

1. 首先，在你的狗狗饿的时候仔细观察它。它知道狗粮放在哪儿，它总是在存放狗粮的地方附近向我们发出请求。

2. 我们决定将狗粮挪到另一个位置。

3. 我们向小狗展示了存放狗粮的新地方。

4. 令人惊讶的是，到了下一次小狗感到饥饿时，它记住了食物已经改变了存放地点。它吸取了教训！它真的是一只聪明的动物！

左撇子笨拙，这是真的吗❓

很长一段时间以来，人们都认为惯用左手的人比较笨拙，因为他们的大脑与众不同。这个看法当然是错误的！

在你爷爷奶奶小时候那个年代，左撇子被认为是一种缺点。人们强迫左撇子的孩子用右手写字！幸运的是，今天这种情况已经不复存在了！

但是，如果惯用左手的人有时显得笨拙，那是因为大部分物体都是为惯用右手的人而设计的，这些人比左撇子要多得多：十个人里面只有一个是左撇子。

小实验

用左手使用为右利手设计的物品

试着用左手拿着为右利手设计的剪刀去剪一张纸。

写字并不是必须得用右手或左手来做的事，可以根据个人的喜好来。

开始跑步时，我们总是先迈同一只脚，这只脚就是我们的起跑脚，是我们更有力的脚。

我们的眼睛也同样如此：两只眼中有一只主导着我们的目光，这就是主视眼。

找出你的主视眼

1. 将你的手指与一个物体对齐，然后轮流闭上一只眼睛。

2. 在一种情况下，你的手指会偏离物体较远：这时，你闭上的就是你的主视眼！

两只眼都睁开时

闭上右眼时

闭上左眼时

在这个例子里，主视眼是右眼。

27

恐惧的作用是什么？

我们不喜欢恐惧的感觉，但是恐惧还是非常有用的：因为恐惧，当我们面临危险时，能快速做出反应，比如逃跑！

恐惧是大脑对一种情况做出反应时所产生的一种情绪，就像愤怒、喜悦、厌恶、悲伤、羞愧及其他情绪一样……

有时候，大脑的反应要比实际危险强烈得多，这就是**恐惧症**患者在面临诸如蜘蛛、空旷环境或是人群等情况时的反应。

在大脑里，负责情绪的**神经元**与负责记忆的神经元连接在一起。

因此，我们更能回忆起那些让我们感受到强烈情绪的时刻，比如高兴或者害怕的时刻。

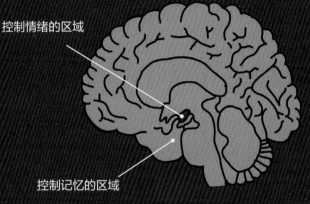

控制情绪的区域

控制记忆的区域

有些人被认为是过分敏感的，因为他们的大脑比其他人的更加敏感，反应也更加强烈：他们表现得或更开心，或更悲伤，或更深情……而且，他们通常也是更有创造力的。

为什么爷爷认不出我们了❓

和所有器官一样，大脑也会生长、衰老，有时还会生病。

大脑的这些病或轻或重，并且会影响到其他部位的功能。

阿尔茨海默病是老年人容易得的一种病，患上这种病后，**神经元**会逐渐退化，尤其是那些负责记忆的神经元。这就是爷爷的大脑中正在发生的情况。这有点儿像拼图一点点地丢失了它的零片。

有时候，即使大脑没有生病，也会犯错。比如它会错误地理解眼睛所看到的东西，我们将这种情况称为视错觉。

看下面这张图时，我们会觉得图像在转动，然而实际上并没有！

在这张图里，左边处于中间的圆圈看起来比右边处于中间的圆圈要大。实际上，它们的大小是一样的！

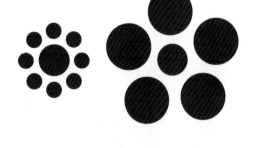

大脑可能会产生一些错误的记忆。为了证明这一点，科学家们找到一些人，并向每个人讲述了四段关于他们童年的记忆。这四段记忆中都有一段是虚构的，但是有些人却"想起"了所有这些童年往事！

大脑究竟在哪儿？

大脑位于哪里？这个问题很容易回答，因为现在你已经知道了关于大脑的一切！但这个问题并不是一直以来都如此好回答的。

2 000 多年前，古希腊学者亚里士多德坚信智慧是在心脏中产生的，而大脑仅仅起着温暖身体的作用！

过去，科学家们认为，颅骨上的突起能揭示一个人的个性。这被称为颅相学。就像肌肉经常使用就会变得发达一样，照那时的科学家看来，大脑用得最多的区域也会隆起。就像我们在图中所看到的，数学好的人，头骨会有这样的隆起！

19 世纪 60 年代，有个男人被称为"Tan 先生"，因为他只能发出"tan"这个音节。他去世后，医生皮埃尔·保罗·布罗卡在他大脑的左前部发现了一个大伤口。布罗卡将这个区域称为"语言区"。

利用核磁共振成像或者断层扫描成像，我们发现了几乎所有行为受大脑控制的区域。但是近些年来，一些新的发现表明，大脑远比我们已知的要复杂。我们对大脑的了解还远远不够！

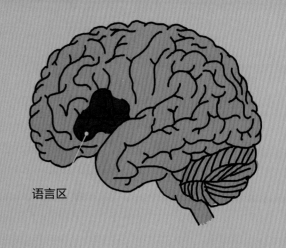

语言区

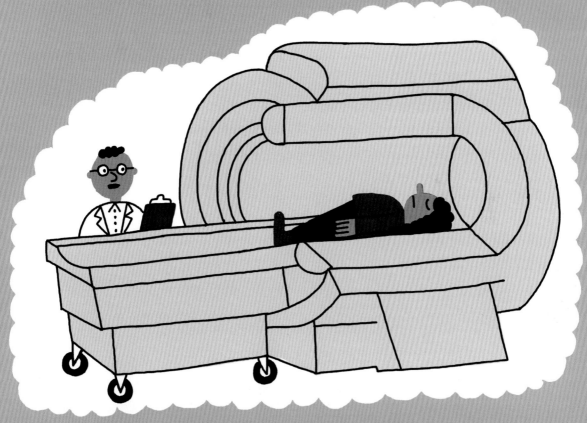

关于大脑的小词典

这两页内容向你解释了当人们谈论大脑时最常用到的词，便于你在家或学校听到这些词时，更好地理解它们。正文中的加粗词汇在小词典中都能找到。

饱腹感：吃饱了的感觉。

触觉：能让人感受到物体的感觉，尤其指通过皮肤和手指触摸产生的感觉。

大脑皮层：大脑的表层。

反射：非常迅速的动作，是不假思索就对一种情况做出的反应。

感觉神经元：从感觉器官（眼睛、嘴等）接收信息并将其发送到大脑的神经元。

激素：一种在体内产生、在血液里循环的化学物质。

脊髓：源自脑的中枢神经延伸部分，位于脊柱内，由遍布全身的神经组成。

脊椎动物：有脊椎骨的动物。

间脑：脑的一部分，包含一些对激素的产生很重要的结构。

恐惧症：产生无法控制的恐惧的症状。

脑：头部的内容物，包括大脑、小脑和脑干等部分。

脑干：脑的一部分，负责控制呼吸和心跳。

脑脊液：颅腔内、大脑周围起保护作用的物质。

脑膜：包裹大脑的膜，可以保护大脑并通过血液为大脑提供呼吸和进食所需的物质。

神经：由神经元的轴突组成的"通路"，在大脑和身体其他部位之间传递信息。

神经递质：神经元为了能与其他细胞交流而发出的小信号。

神经胶质细胞：负责养护神经元的细胞。

神经元：一种细胞，能通过电信号与身体的其他部位进行交流。

视觉：通过眼睛看到事物的感觉。

视神经：在眼睛和大脑之间传递信息的神经。

松果体：脑内的一个小球状体，主要负责产生褪黑素。

髓鞘：包裹在某些神经元轴突外的结构，可以提高神经信号的传递速度。

听觉：通过耳朵听到声音的感觉。

突触：将一个神经元的轴突与另一个神经元或一块肌肉连接起来，让它们能够进行交流的结构。

褪黑素：一种由松果体在晚上产生的激素，能让人产生睡意。

味觉：通过舌头上的味蕾感受食物味道的感觉。

无意识的：没有意识到的。

细胞：组成生物体的基本单位。

小脑：脑的一部分，负责维持躯体平衡，协调随意运动。

嗅觉：通过鼻子闻到气味的感觉。

营养素：食物中包含的细小成分，对滋养身体细胞至关重要。

有意识的：我们能觉察到、意识到的。

运动神经元：负责控制肌肉的神经元。

轴突：神经元胞体的延伸部分，能向突触传递电信号。

图书在版编目（CIP）数据

大脑 ／（法）安热莉克·勒图泽著 ；（法）伯努瓦·塔迪夫绘 ；唐波译 . — 北京 ：北京时代华文书局 ，2022.4
（我的小问题．科学）
ISBN 978-7-5699-4557-7

Ⅰ．①大… Ⅱ．①安… ②伯… ③唐… Ⅲ．①大脑—儿童读物 Ⅳ．① R338.2-49

中国版本图书馆 CIP 数据核字（2022）第 035624 号

Written by Angélique Le Touze, illustrated by Benoit Tardif
Le cerveau – Mes p'tites questions sciences © Éditions Milan, France, 2018

北京市版权著作权合同登记号　图字：01-2020-5898

本书中文简体字版由北京阿卡狄亚文化传播有限公司版权引进并授予北京时代华文书局有限公司
在中华人民共和国出版发行。

我 的 小 问 题·科 学　大 脑
Wo　de　Xiao　Wenti　Kexue　Danao

著　　者｜[法] 安热莉克·勒图泽
绘　　者｜[法] 伯努瓦·塔迪夫
译　　者｜唐　波

出 版 人｜陈　涛
选题策划｜阿卡狄亚童书馆
策划编辑｜许日春
责任编辑｜石乃月
责任校对｜张彦翔
特约编辑｜申利静
装帧设计｜阿卡狄亚·戚少君
责任印制｜訾　敬
营销推广｜阿卡狄亚童书馆
出版发行｜北京时代华文书局 http://www.bjsdsj.com.cn
　　　　　北京市东城区安定门外大街 138 号皇城国际大厦 A 座 8 楼
　　　　　邮编：100011 电话：010-64267955 64267677
印　　刷｜小森印刷（北京）有限公司　010-80215076
开　　本｜787mm×1194mm　1/24　印　张｜1.5　字　数｜36 千字
版　　次｜2022 年 5 月第 1 版　　印　次｜2022 年 5 月第 1 次印刷
书　　号｜ISBN 978-7-5699-4557-7
定　　价｜118.40 元（全 8 册）